目　　次

前　　言

本文件按照 GB/T 1.1—2020《标准化工作导则　第 1 部分：标准化文件的结构和起草规则》的规定起草。

请注意本文件的某些内容可能涉及专利。本文件的发布机构不承担识别专利的责任。

本文件由湖北省地质局地球物理勘探大队提出。

本文件由湖北省自然资源厅归口。

本文件起草单位：湖北省地质局地球物理勘探大队、中铁第四勘察设计院集团有限公司、水利部长江勘测技术研究所、武汉市测绘研究院、湖北省地质局第一地质大队、湖北省神龙地质工程勘察院、湖北神龙工程测试技术有限公司。

本文件主要起草人：刘志良、刘铁、高建华、刘铁华、李成香、王志、彭汉发、刘传逢、黄群龙、刘博、王建军、周巍、刘磊、徐元璋、唐宝山、彭军、马小丰、王斌战、邱波、刘宇翔、周世昌。

本文件实施应用中的疑问，可咨询湖北省自然资源厅，联系电话：027 - 86656061；邮箱：441956313@qq.com。对本文件的有关修改意见和建议请反馈至湖北省地质局地球物理勘探大队，电话：027 - 84239489；邮箱：g200@hbwht.gov.cn；地址：武汉经济技术开发区沌阳街联城路 108 号；邮政编码：430056。

引　言

微动勘探是近年来被广泛应用的地球物理勘探新技术，以其无需人工源、抗干扰能力强、便捷环保等优点，在城镇附近干扰较强、不可破坏的物探环境中优势突出。为提高微动勘探技术的应用水平，统一工作方法与技术要求，确保微动勘探工作技术先进、应用合理、成果准确可靠，结合地质勘探的特点，特制定本规程。本文件是在充分研究国内有关微动勘探的技术标准和较为成熟的方法技术的基础上，认真总结地质勘探实践经验和研究成果后编写而成，并以调研的形式充分征求了湖北省有关单位和专家的意见，经反复修改完善，最后经审查定稿。

本文件对微动勘探的基本规定、技术设计、仪器设备与处理软件、野外工作、资料处理和解译、报告编写进行了规定。

微动勘探技术规程

1 范围

本文件规定了微动勘探的基本规定、技术设计、仪器设备与处理软件、野外工作、资料处理和解译、报告编写等主要工作环节的技术要求。

本文件适用于地质填图、固体矿产勘查、液体矿产勘查、能源矿产勘查、水工环调查、工程勘察、城市地下空间探测等项目的微动台阵法和微动谱比法的勘探工作。

2 规范性引用文件

下列文件中的内容通过文中的规范性引用而构成本文件必不可少的条款。其中,注日期的引用文件,仅该日期对应的版本适用于本文件;不注日期的引用文件,其最新版本(包括所有的修改单)适用于本文件。

GB/T 14499 地球物理勘查技术符号

GB/T 18314 全球定位系统(GPS)测量规范

GB/T 50269 地基动力特性测试规范

CJJ/T 7 城市工程地球物理探测标准

DZ/T 0153 物化探工程测量规范

DZ/T 0170 浅层地震勘查技术规范

JGJ/T 143 多道瞬态面波勘察技术规程

3 术语和定义、符号和计量单位

3.1 术语和定义

下列术语和定义适用于本文件。

3.1.1

微动 microtremor

地球表面存在的持续性的微弱震动。

3.1.2

微动勘探 microtremor survey

采集微动信号,通过分析、处理、提取微动信号的特征曲线,经反演获得地下相应深度的横波速度,而进行的地球物理勘探。

3.1.3

微动台阵法 microtremor array method

以特别设计的圆形、三角形等阵列形式布设的一组仪器,以GPS授时等方式实现时间同步等,采集微动信号,对其进行分析处理,提取特征曲线,经反演获得地下相应深度的横波速度,进而探查地质结构的方法。

3.1.4

微动谱比法　microtremor spectral ratio method

采用专门仪器设备观测单点三分量微动信号，通过分析处理，提取水平分量和垂直分量的谱比曲线，经反演获得地下相应深度的横波速度，进而探查地质结构的方法。

3.1.5

面波　surface wave

质点振动轨迹为逆进椭圆形波，特指瑞雷波。

3.1.6

面波频散　surface wave dispersion

层状介质情况下，面波各频率组分具有不同的传播速度的现象。

3.1.7

面波速度　surface wave velocity

面波在介质中传播的平均相速度。

3.1.8

横波　shear wave(transverse wave)

波的传播方向与介质质点的振动方向垂直的波，又称剪切波、S波。

3.1.9

台阵　array

检波器拾取微动信号的排列组合方式。

3.1.10

观测台阵　observation array

拾取微动信号的检波器观测系统。

3.1.11

观测半径　radius of survey

检波器与中心测点之间的最大距离。

3.1.12

频散谱　dispersive spectrum

微动数据进行空间自相关法等方法计算，获得的速度-频率曲线。

3.1.13

特征曲线　characteristic curve

微动信号中能反映地下地层特征的曲线，主要有频散曲线和谱比曲线两种。

3.1.14

频散曲线　dispersion curve

面波的频率与相波速的关系曲线。

3.1.15

谱比曲线　spectral ratio curve

三分量微动信号中水平分量和垂直分量的振幅谱比值与频率的关系曲线。

3.2　符号和计量单位

下列常用符号和计量单位适用于本文件，见表1。

表 1 常用符号和计量单位

序号	术语名称	符号	计量单位(名称)
1	频率	f	Hz(赫[兹])
2	探测深度	D	m(米),km(千米)
3	观测半径	R	m(米)
4	面波速度	V_R	m/s(米/秒)
5	视横波速度	V_X	m/s(米/秒)
6	横波速度	V_S	m/s(米/秒)
7	相位	ψ	(°)(度),mrad(毫弧度)
8	密度	ρ	g/cm^3(克/厘米^3)
9	时间	t	s(秒)

4 基本规定

4.1 应用范围

4.1.1 用于探测地质地层。

4.1.2 用于探测地质构造。

4.1.3 用于探测其他有横波速度差异的目标体。

4.2 应用条件

4.2.1 目标体与围岩存在明显横波速度差异。

4.2.2 目标体有足够的尺度能在地表引起可分辨的异常。

4.2.3 地形地貌和场地条件满足观测台阵布设的基本要求。

4.2.4 观测数据质量满足本文件规定的要求。

5 技术设计

5.1 设计准备

5.1.1 资料收集

资料收集应包含下列内容:

a) 地质资料:收集项目相关的地质平面图、地质剖面图、地质钻孔柱状图等资料;

b) 地球物理资料:收集项目相关的地球物理资料,包括以往物探工作资料、物性资料、测井资料;

c) 测绘资料:收集项目相关的测绘资料,包括测绘平面图、测量控制点等。

5.1.2 野外踏勘

5.1.3 应在设计前到生产工区进行野外踏勘。踏勘测区地形、地貌、交通、人文环境、噪声干扰等。

5.1.4 野外踏勘主要内容:

a) 调查测区内交通网;

b) 查看工区地形地貌,为台站布设做好准备;

c) 核查收集到的地质、物探、物性及测绘等资料；

d) 调查测区规则干扰震源的特点；

e) 调查测区内经济、人文地理等实际情况，并对开展野外工作所需要的基本保障条件进行详细的了解；

f) 开展安全生产施工的危险源调查。

5.2 方法有效性试验和分析

5.2.1 方法有效性试验

5.2.1.1 技术设计前或开工初期应安排必要的技术试验，以确定最佳技术方案。技术试验剖面应符合以下条件：

a) 技术试验剖面应选择在地质情况比较清楚、有代表性的地段；

b) 试验点应选择在地形平坦、地质条件相对简单的区域。在条件许可时，宜在已知地质剖面上的钻孔位置进行。

5.2.1.2 技术试验内容包括：

a) 观测台阵：依据工作目的要求，一般应选择多个台阵进行观测结果对比试验，确定最优台阵形式。有条件时可进行微动源方向的研究工作，在微动源方向尚不能完全肯定的测区，台阵试验顺序宜为三角形台阵（图1）、十字形台阵（图2）、圆形台阵（图3）、L形台阵（图4）、线形台阵（图5）和非规则异形台阵。

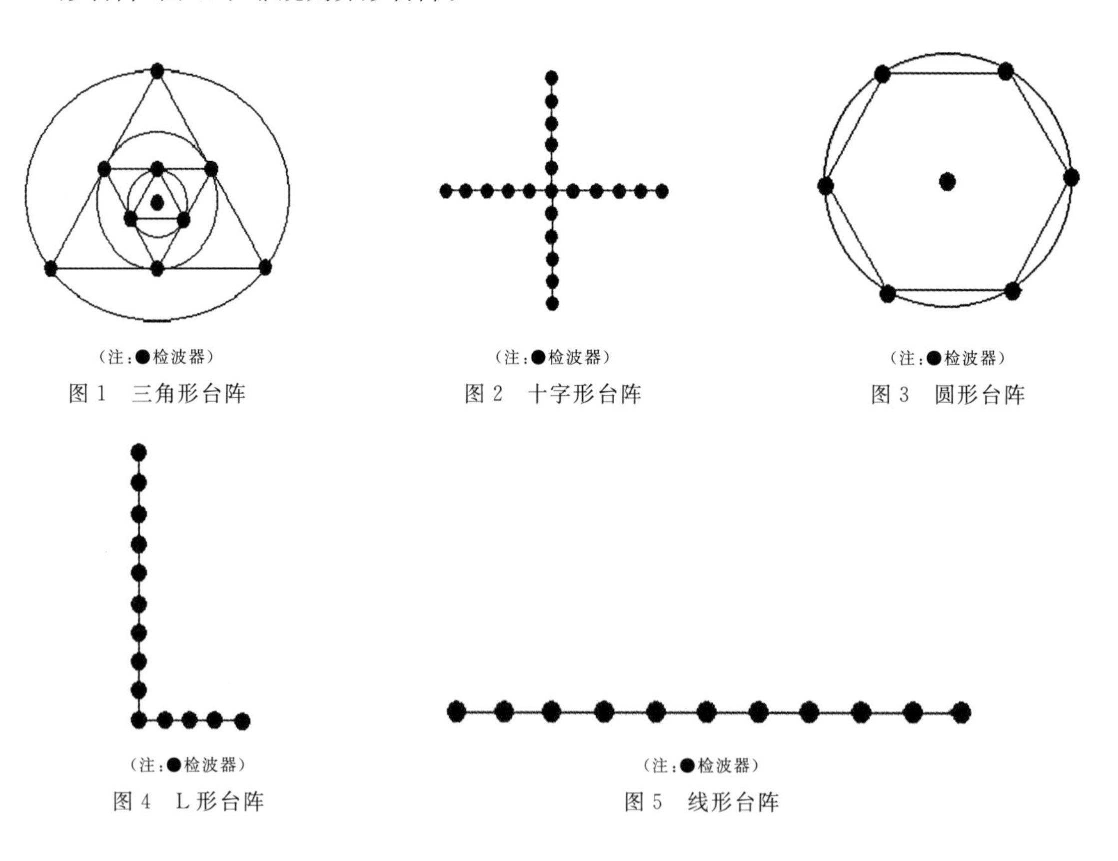

图1 三角形台阵　图2 十字形台阵　图3 圆形台阵

图4 L形台阵　图5 线形台阵

b) 观测半径和探测深度：探测深度估算公式 $D=(3\sim5)\times R_{max}$，即探测深度为最大观测半径的3～5倍。探测深度小于或等于100m时，最大观测半径不宜小于最大探测深度的1/10；探测深度大于100m时，最大观测半径宜为探测深度的1/3～1/5。应根据勘探深度要求进行试验，据实测面波频散曲线的反演计算结果进行调整。

c） 观测时长：应根据探测深度选择观测时间。通过观测时间长度的试验，分析频散谱和频散曲线情况，确定合理的观测时间长度。

5.2.2 探测有效性分析

5.2.2.1 应根据具体地质任务的要求，结合方法有效性试验的成果，详细分析与评价测区微动勘探的有效勘探深度、最小和最大分辨率，综合判定方法应用的有效性。

5.2.2.2 应根据探测目标体的特点，在方法应用的有效性的基础上，分析并确定合理的观测台阵、观测半径、观测时长等技术参数。

5.3 工作精度

5.3.1 工作精度应根据勘查任务、地形条件、干扰条件、探测深度及其他因素进行设计。

5.3.2 工作精度分两个档次，对面波速度采用均方相对误差来进行衡量：

a） 在地形条件简单、无规则震动干扰的地区，面波速度均方相对误差不大于7%；

b） 在地形起伏较大、有规则震动干扰的地区，面波速度均方相对误差可适当放宽到15%。

5.4 设计书编写

5.4.1 设计书的编写应根据工作目的任务和测区的实际情况，确定野外施工的测网、观测台阵、观测半径、仪器频带、观测时长以及工作精度。

5.4.2 观测技术参数选择应根据方法有效性试验分析确定。在实际观测过程中，可根据面波频散谱和频散曲线情况进行合理调整。

5.4.3 测网选择应根据地质任务、工作性质、勘查对象和地形地貌合理选择，点线距根据比例尺的要求选定，应能良好反映目标地质体的尺度：

a） 测线方向应尽可能垂直于探测主要地质目标体的走向；

b） 测线尽可能与已知地质、物探、钻探勘查剖面重合；

c） 测线、测点号编排采用相同规律，点线号按自西向东、自南向北增大的顺序编排。

5.4.4 设计书的内容根据项目的特点编写，应涵盖以下内容：

a） 序言：简述项目来源、项目概况，测区的自然地理、经济地理概况；

b） 任务与目的：工作任务、工作范围、比例尺、勘查目标物、实物工作量等；

c） 以往工作成果和评价：简述与工作任务相关的地质、物探、钻探工作成果，以及对这些工作的评价；

d） 执行的技术标准；

e） 测区地质和地球物理特征：简述测区地质特点，包括地层、构造、矿产及水文地质等；简述测区地球物理特征；应描述前期的方法有效性试验和探测有效性分析的成果，论证项目开展微动勘探工作的地球物理前提条件；

f） 方法技术、仪器设备、技术指标及质量要求：阐述要解决的具体地质问题，分析其合理性和有效性。阐述技术试验的结论或试验方法的选择。阐述野外工作方法技术的选择，包括测网的选择、测线测点的布置、对仪器的性能及使用等要求，观测技术与质量，速度参数测定的要求等；

g） 工作部署：工作各阶段的安排、时间分配及主要时间节点；

h） 数据处理和资料解释：阐述资料整理、数据预处理方法及要求，资料处理、解译的方法及成果资料质量的保证措施；

i) 安全生产、组织与管理：阐述人员安排、仪器设备，保证野外工作质量、工作安全、提高工作效率的技术措施；

j) 提交成果的内容及时间；

k) 经费预算；

l) 相关附图和附表。

5.5 设计书审批与变更

5.5.1 设计书应由管理部门或相关单位组织批准或审批，未经批准不得施工。

5.5.2 因客观条件的变化，无法按照设计书执行时，经过管理部门或相关单位组织批准或审批，可根据实际情况对设计书进行调整。

6 仪器设备与处理软件

6.1 仪器设备

6.1.1 使用的仪器设备数据采集系统(检波器、记录仪)应符合下列规定：

a) 检波器宜采用垂直分量、速度型传感器或加速度型传感器，也可选用三分量检波器；浅层探测的自然频率不宜大于 4Hz，中深层的自然频率不宜大于 2Hz；电压输出灵敏度不应小于 2V·cm/s；

b) 检波器应具有水平调平功能；

c) 记录仪模/数转换不宜低于 24 位，采样间隔不应大于 10ms，动态范围不宜小于 128dB；具有实时时间校正和多台传感器同步、连续记录功能；宜自带内置卫星导航定位信号接收装置；

d) 采用低通滤波功能的多通道放大器，其通道幅值一致性偏差不应大于 1%，通道相位一致性偏差不应大于最小采样间隔的一半，折合输入端的噪声水平应低于 1μV，电压增益应大于 80dB；

e) 台阵中各数据采集系统应具有振幅一致性和相位一致性，采集与记录装置宜采用多通道数字采集和存储系统；

f) 记录应有足够的数据存储容量，且具备低功耗性能；

g) 开展微动谱比法时，应采用三分量传感器进行数据采集。

6.1.2 场地条件复杂且探测深度较大时，宜采用无缆连接，节点式采集站，数据在采集站本地存储。道间距较大时，无缆连接的授时应满足相应要求。

6.1.3 现场勘探时，仪器设备应有防风沙、防雨雪、防雷电等保护措施。

6.1.4 仪器设备运输和存放时，应有防高温、防潮湿、防震、防尘、防腐蚀、防挤压等措施。

6.2 处理软件

6.2.1 预处理软件应具有现场面波频散曲线反演计算、二维微动视速度剖面计算功能，数据处理软件应具有空间自相关分析(SPAC)或频率-波数(F-K)域分析功能。

6.2.2 预处理软件应能转换成多种通用数据格式，如 seg2、segy 格式。

6.2.3 数据处理软件应具有下列功能：

a) 采集参数的检查与改正、采集文件的组合拼接、成批显示及记录中分辨坏道和处理等基本功能；
b) 滤波功能；
c) 分辨识别与利用基阶面波成分的功能；
d) 正反演功能；
e) 在波速递增及近水平层状地层条件下，应能准确反演地层速度和层厚。

6.2.4 对于多测点勘探剖面成图，软件应具有速度成像功能，以便直观分析地层速度结构。在有条件的情况下，软件宜具有自动拾取速度等值线和图例填充等功能，使勘探成果成图自动化。

7 野外工作

7.1 现场试验

7.1.1 现场试验工作前，应对仪器设备进行性能测试以及一致性试验。仪器性能检验和一致性测试应选择测区典型的位置，按仪器说明书进行，一致性测试时应将全部仪器放置到同一测点处。

7.1.2 检波器道一致性检查，要求各道之间的振幅误差不大于10%，相位误差不大于1ms。

7.1.3 试验工作可在技术设计5.2.1的基础上，开展施工前的必要的方法技术和工作参数试验。

7.1.4 地质地形条件复杂的工区，试验工作量宜控制在设计工作量的3%以上。

7.2 测线（测网）、测点布设及测量工作

7.2.1 测量工作

7.2.1.1 现场测线、测点、检波器布设应采用测量仪器进行。测线的端点及转折点应进行控制测量，并符合DZ/T 0153和GB/T 18314的要求。

7.2.1.2 对于建筑工程场地内的勘查任务，测线端点内的测点可采用钢尺或测绳量距，钢尺和测绳应在校准有效期内，并符合CJJ/T 7的要求。

7.2.2 测线、测点布设

7.2.3 测线应按照设计书要求布置，应尽可能垂直构造或目标物走向。

7.2.4 测点的间距依据地质任务要求、构造复杂程度和目标层稳定程度综合确定，应小于被勘探对象的水平尺寸；发现异常应在异常点布置垂直测线。微动勘探常用比例尺和测网线距表见表2。

表2 测网线距表

比例尺	主测线线距(m)	联络测线线距(m)
1∶1 000	10	10～20
1∶5 000	50	50～100
1∶10 000	100	100～200
1∶25 000	250	200～500
1∶50 000	500	500～1 000

7.2.5 测点遇地形或障碍物可适当偏移，应满足DZ/T 0170要求和DZ/T 0153的规定。

7.2.6 测点发现异常时，应根据异常的大小加密测点，增加的观测点应沿剖面布设。

7.2.7 检波器布设

7.2.7.1 测点观测台阵的各检波器宜在同一平面上。地形条件复杂，检波器高差较大时，应根据已

知资料进行研究和评估高差对观测台阵的影响。

7.2.7.2　检波器埋置的位置应准确，符合 DZ/T 0170 的规定。由于条件限制不能埋置在原设计点位时，应研究和评估检波器埋置移动对观测台阵的影响。

7.2.7.3　检波器应与地面水平接触良好，安置牢固，埋置于密实地层中，埋置条件力求一致：

a）检波器位于虚土、干沙、砂石层时，检波器安置应挖坑并压实；

b）检波器在水泥或沥青路面安置时，应用橡皮泥、黄油或熟石膏等将检波器牢固粘于地面或采用铁靴装置安置。每个铁靴的重量应保证检波器与大地耦合良好；

c）检波器埋置在稻田、沼泽、浅滩时，应防止漏电；

d）风力过大时，检波器应挖坑深埋；

e）开展微动谱比法时，检波器需要调平，水平角应小于 2°。

7.3　数据采集

7.3.1　应根据勘探要求、野外实际条件、试验工作结果选择观测台阵和观测半径，并依据本文件5.2.1的要求执行。

7.3.2　圆形观测台阵或组合的圆形台阵应至少在圆心及其内接三角形的顶点分别布设观测点，三角形顶点上的测点可沿圆周整体平移。

7.3.3　微动 L 形台阵、线形台阵与微动源的位置关系要求波前正交，应进行相位校正。在微动源方向尚不能确定的测区，宜采用三角圆形台阵和十字形台阵；未经试验确认，不宜采用 L 形台阵、线形台阵这两种观测台阵方式。

7.3.4　剖面法应沿剖面布设观测点，通过各观测点的测深实现剖面探测。

7.3.5　关于微动观测时间，应依据勘探深度要求进行选择。一般深度越大，所需观测时间越长。当最大观测半径 $R_{max} \geqslant 800$m 时，一般观测时间不少于 2.5 小时。

7.3.6　检波器按要求水平布设，连接好仪器。仪器观测采集指示灯正常采集数据后，留专人看守。所有采集站都布设到相应位置后，以最后一个采集站布设的时间开始采集计时。采集过程中不可触碰采集站及检波器等。

7.3.7　观测时要及时做野外观测现场的测点班报记录，格式可参考本文件的附录 A。除按规定填写工作记录和测点布置等信息外，还应记录观测点附近的地质现象、地形地貌、人文环境等。要求字迹清晰，不应出现涂改。

7.3.8　开展微动台阵法时，现场采集软件宜实时监测采集的波形、频散曲线和频散谱，确认原始数据是否满足勘探设计的深度和精度要求。

7.3.9　开展微动谱比法时，现场采集软件宜实时监测采集的波形和谱比曲线。

7.3.10　对于城市工程的微动勘探工作应符合 CJJ/T 7 的要求。

7.4　质量监控

7.4.1　施工前应对仪器设备进行检查，各项性能和工作状态正常才能投入使用。

7.4.2　测量原始数据和计算成果应有专人检查和核算，发现问题应及时补充修正。

7.4.3　每个测点采集记录后，宜在采集显示屏上对记录进行显示，以实时监视野外记录质量，对于出现异常的单道记录，应及时分析原因并采取相应的处理措施。

7.4.4　每天野外工作结束后，室内组应及时将原始记录表进行整理。发现采集记录的频散谱异常或频散曲线未达到勘探深度和勘探分辨率要求时，应及时通知野外组采取改进或补救措施。

7.4.5　在条件允许时，应在每条测线施工结束后，对该测线剖面进行处理，以监控数据采集整体质量，发现问题及时采取补救措施。

7.4.6　应有项目人员及时对采集的原始资料质量进行监督和检查，发现问题及时处理。

7.5　速度参数测定

7.5.1　应对测区的测点、测线和下覆的地层开展速度参数测定工作。

7.5.2　宜采用地面或井(孔)中方法测定地层的纵波、横波、面波速度：

a)　面波参数测定法可采用多道瞬态面波法，执行 JGJ/T 143 的规定；

b)　井(孔)中纵波、横波的测试，执行 GB/T 50269 的规定。

7.5.3　速度参数测定以下列对象为研究重点：

a)　探测的目标物；

b)　测线上出露的地层；

c)　测线下覆盖的地层应选择测区范围内或周边地质背景相同区域出露的地层进行对比测试。

7.6　野外资料质量检查、评价与验收

7.6.1　原始资料的整理

7.6.1.1　班报记录的整理应按工区测线及施工排列的顺序整理装订成册，并在每册的封面注明单位名称、工区、测线号及施工排列的起始号和终止号、工作时间等。

7.6.1.2　记录数据的固体储存介质上应粘贴标签，编写序列号、测线号、日期、记录格式、记录长度、采样率等。确保与班报对应无误。

7.6.1.3　监视记录应按工区测线统一编录，装订成册。

7.6.2　野外资料质量检查

7.6.2.1　测区的观测质量以“系统检查观测”来评价。系统检查观测点一般应为测区总工作量的3%～5%，且不少于1个测点。在测区内和时间上随机选择，且大体均匀分布。在异常区段，对推断解释有意义的测点应重点检查。

7.6.2.2　系统检查观测应在原始观测完成之后，采取相同或不同仪器对不同日期、相同测点进行重新布置并观测。

7.6.2.3　检查点的检查观测和原始观测，主要对比测点波形(幅值、相位)、频散谱和频散曲线特性。两次观测采用相同反演参数得出的频点的面波速度的均方相对误差应满足工作精度的要求。检查的频点数应根据探测的深度采用算术平均来确定，勘查目标区域可加密频点。项目质量检查对检查点的误差计算结果应编制检查点误差统计计算表，格式见本文件的附录B。

7.6.2.4　采用微动台阵法时，应采用测点的频散曲线均方相对误差进行质量评价。设检查观测并参与统计的频点数为 n，m_i 为第 i 个频点的面波速度值(V_R)相对误差，均方相对误差 M 按公式(1)计算。

$$M=\pm\sqrt{\frac{1}{2n}\sum_{i=1}^{n}m_i^2} \quad\cdots\cdots(1)$$

式中：

M——均方相对误差；

n——检查观测并参与统计的频点数；

m_i——第 i 个频点的面波速度值(V_R)相对误差。

7.6.3 采用微动谱比法时，应采用当前测点的谱比值均方相对误差进行质量评价。设时窗个数为 n，$X_i(f)$为第 i 个时窗的频率 f 时的谱比值，μ 为所有时窗频率 f 时的谱比平均值，f_0 为中心频率，均方相对误差 M 按公式(2)计算。

$$M(f_0)=\pm\sqrt{\frac{1}{2n}\sum_{i=1}^{n}(X_i(f)-\mu)^2} \quad \cdots\cdots(2)$$

式中：

M——均方相对误差；

f_0——中心频率；

n——时窗个数；

X_i——第 i 个时窗的谱比值；

f——第 i 个时窗的频率；

μ——时窗频率 f 时的谱比平均值。

7.6.4 野外资料质量评价

7.6.4.1 野外测点数据质量根据测点反演的面波频散谱和频散曲线特性进行评价。

7.6.4.2 测点数据的质量评价分为 3 个等级：

a) Ⅰ级(优良)：面波频散谱能量明显集中、连续性好；特征曲线数据点圆滑连续、深度超过勘查深度要求；

b) Ⅱ级(合格)：面波频散谱能量基本集中、基本连续；特征曲线数据点连续、深度满足勘查深度要求；

c) Ⅲ级(不合格)：面波频散谱能量分散、凌乱；特征曲线数据点分散、深度未达到勘查深度要求。

7.6.4.3 野外测点数据的Ⅰ级测点数量占比不低于 70%，Ⅱ级测点数量占比不高于 30%，无Ⅲ级测点。项目工作人员应对野外测点观测数据开展频散曲线质量评价工作，评价表格式见本文件的附录 C。

7.6.5 野外资料质量验收

7.6.5.1 验收原始资料包括：

a) 仪器标定、一致性试验记录(含电子文档)；

b) 野外观测班报记录；

c) 各测点记录数据(U 盘或硬盘等)；

d) 测量数据(含电子文档)；

e) 质量检查点数据；

f) 验收相关文件。

7.6.5.2 验收基础资料包括：

a) 实际材料图；

b) 各测点面波频散谱和频散曲线图册；

c) 各测线的视横波速度断面图；

d) 质量检查点误差统计表；

e) 速度参数测定记录及统计表；

f) 野外工作小结。

8 资料处理和解释

8.1 资料处理

8.1.1 资料预处理

8.1.1.1 数据预处理应包含下列相关功能：

a) 创建项目数据管理：按照日期、根据相应的数据源目录创建项目数据目录；

b) 创建测点归档信息：根据测点开始采集时间及结束采集时间来截取时间段，编辑各采集站坐标点位信息，输入各信息进行归档；

c) 可将归档后的测点数据转换成通用地震数据文件格式。

8.1.1.2 应对野外数据逐点进行预处理检查，有下列情况者需要做进一步核实和处理：

a) 记录中有不工作道；

b) 记录中有较强持续的规则干扰波；

c) 记录中各道波形幅值和相位有较大异常。

8.1.2 频散曲线提取

8.1.2.1 微动信号中提取面波频散曲线的常用方法有两种：空间自相关法（SPAC 法）和频率-波数法（F－K 法）。

8.1.2.2 采用合适的参数计算，生成测点的频散谱。可利用同一位置有多个微动记录，分别计算与合并频散谱。

8.1.2.3 频散谱图上应沿着反映最佳拟合的峰值提取频散曲线，生成对应的深度-速度曲线。

8.1.2.4 依据频散曲线评价测点的有效勘探深度、最小和最大分辨率。

8.1.3 谱比曲线提取

8.1.3.1 微动信号中提取谱比曲线前需要从微动信号中提取强干扰信号，长周期微动信号应拆分为多个时窗分别计算窗口谱比曲线，再计算最终谱比曲线。

8.1.3.2 采用合适的参数计算，生成测点的谱比曲线。

8.1.3.3 谱比曲线可由各时窗内计算的谱比值按均值法、中值法等计算获得。

8.1.4 定量反演

8.1.4.1 数据提取面波频散曲线后，可采用模型反演计算获得横波速度。没有测井数据或其他数据预先创建速度结构时，可采用经验公式法。应注意经验公式法计算的视横波速度存在一定误差，可进行速度-深度地层结构的定性分析，同时应在成果报告中加以说明。

8.1.4.2 采用模型反演计算的方法时，宜采用测井数据或其他数据预先创建速度结构，创建初始模型并设置反演参数，反演过程主要反演地层厚度、地层横波速度两种参数，其他地层参数宜采用与横波速度关联的方式进行更新，反演结果为横波速度-深度地层模型。

8.1.4.3 微动台阵剖面法基于频散曲线的面波相速度与频率的关系，根据经验公式计算视横波速度 V_X，再通过对剖面上各点的 V_X 的内插形成视横波速度。其中，经验公式可采用公式(3)：

$$V_{X,i} = \left(\frac{t_i \cdot V_{R,i}^4 - t_{i-1} \cdot V_{R,i-1}^4}{t_i - t_{i-1}}\right)^{1/4} \quad \cdots\cdots (3)$$

式中：

V_X——视横波速度；

V_R——面波的相速度；

t——时间。

8.1.4.4　利用微动谱比法提取谱比曲线后，采用反演计算的方法获得视横波速度。

8.1.4.5　测点提取了频散曲线和谱比曲线两种曲线，可采用联合反演法获得横波速度。

8.2　资料解释

8.2.1　数据解译

8.2.1.1　实际工作中，频散曲线拾取和速度剖面反演、资料解译需要交叉或反复进行，使资料解译工作逐渐深化。

8.2.1.2　建立横波速度-深度地层模型和标志，对测区频散曲线类型进行分析、对比，总结相同类型曲线分布特征，了解测区速度平面分布规律。

8.2.1.3　利用测区内实测的物性参数、已有地质勘探控制的地层结构作为约束条件和控制信息，了解测线速度垂直分布规律。建立测线的反演初始模型，再逐步认识、分析，确定速度分层结构。

8.2.1.4　利用定量反演的结果，绘制视横波速度(V_X)-深度断面图，描述地下视横波速度空间分布。

8.2.1.5　利用谱比曲线的峰值频率 f_0 可评估测点处坚硬基岩上覆盖软弱沉积层厚度 h，其关系可表示为公式(4)。利用该公式时应取得 a、b 值经验参数，方能在区域内使用。

$$h = a \cdot f_0^b \quad \cdots\cdots (4)$$

式中：

h—— 沉积层厚度；

a—— 经验参数；

f_0—— 峰值频率；

b ——经验参数。

8.2.1.6　根据已有钻孔资料可以对经验参数 a、b 值进行拟合计算，其关系可表示为公式(5)和(6)。如果没有相应的钻孔资料，a、b 建议参考值：a 值与表层速度相关，在城市环境中可取 $a=530$，在郊区环境中可取 $a=100 \sim 300$；b 值可取 -1.587。

$$a = \left[\frac{V_0(1-x)}{4}\right]^{1/(1-x)} \quad \cdots\cdots (5)$$

式中：

a—— 经验参数；

V_0—— 地表横波速度；

x ——深度依赖性参数，$0 \leqslant x < 1$。

$$b = -\frac{1}{1-x} \quad \cdots\cdots (6)$$

式中：

b—— 经验参数；

x—— 深度依赖性参数，$0 \leqslant x < 1$。

8.2.2　综合地质解释

8.2.2.1　在定性分析和定量反演的基础上，结合测区地质钻探情况和勘查项目资料，将解译成果客观合理地转变成推断的地质体或现象，最后确定地质体或现象的深度、规模、形态、性质及其相互关系。

8.2.2.2　推断地质体或现象时，应与地质或相关专业人员充分研讨、达成共识。

8.2.2.3　依据综合地质解释结果编绘地质-地球物理综合解释成果图。

8.2.2.4　综合地质解释后，总结测线和测区的勘查成果，提出目标体验证建议及注意事项。

8.2.2.5　宜对资料解释成果的可靠性进行评估，说明可能存在的问题与不足。

9 报告编写

9.1 基本要求

9.1.1 报告的原始和基础性资料，应在外业数据和资料验收合格后使用。

9.1.2 报告的文字应叙述准确、完整、真实，图表清晰，结论与建议明确、合理。

9.1.3 报告编写应依据下列资料：

a) 项目任务书；

b) 项目任务书变更和工作调整批复意见书；

c) 设计书、设计审查意见书、设计审批意见书；

d) 野外验收意见书；

e) 其他有关的技术规范和技术标准；

f) 野外实测数据、资料处理解释及综合研究成果。

9.1.4 报告编写要求及程序应包含下列内容：

a) 全面完成了任务书的工作任务，并通过了野外验收后方可编写成果报告；

b) 为了满足异常定性、定量解释需要，进行速度参数测定后，方可进行报告编写；

c) 报告编写前对数据应进行必要的数据处理，数据处理软件应是经过行业认可的软件；

d) 报告附图的制图软件应采用成果资料汇交指定的制图软件；

e) 报告编写要收集、采用最新的地质成果资料，并对其质量可靠性进行认真评估，确认其是否合格，不合格的资料不能用于成果报告的编写；

f) 报告中的技术符号应符合 GB/T 14499 的要求；

g) 报告编写应充分运用新理论、新技术、新方法、新观点；

h) 成果报告应根据各专业要求的格式进行编写。

9.2 报告

9.2.1 序言

简述项目的来源、项目的性质和工作任务，测区的自然地理及经济地理概况。

9.2.2 地质任务及完成情况

工作的具体任务；使用的主要仪器设备；野外施工过程；野外工作起始时间；完成的野外勘查总工作量等。

9.2.3 工区位置、概况、前人工作程度及主要研究成果

测区场地范围、测网位置、剖面方位、障碍物或干扰情况；测区以往的地质及物探工作程度，以及对这些工作的评价；总结本次勘查工作的主要研究成果。

9.2.4 工区地质及地球物理特征

工区的地质、构造特征，应详细描述与工作任务有关的内容；工区的密度和速度特征；结合工区的地质特点，分析勘查目标体及各种地层、构造等在观测结果中的反映，建立推断解释的正演模型。

9.2.5 野外工作方法技术和质量评价

工作中采用的仪器设备及具体方法技术，方法试验的工作情况，阐述方法技术的合理性和所取得资料的可靠性与精度。描述野外工作质量措施，说明质量检查方法、检查工作量、分布等，并根据检查结论及其他资料说明野外观测的完整性、可靠性、精确性等工作情况。

9.2.6 资料处理方法

原始资料整理、数据预处理方法、反演方法和图件编绘等。

9.2.7 解释推断

描述资料解释发现的速度异常，说明其特征；综合地质解释，分析速度异常，阐明引起异常的地质现象或原因，编绘成果图；讨论解释推断结果的可靠程度以及定量解释结果的精确程度。

9.2.8 结论与建议

论述取得的各项结论和成果，说明其中存在问题的原因；提出本区下阶段地质工作、物探工作、异常查证的建议，说明这些工作的意义、具体任务、方法手段、工作范围及应注意的问题。

9.3 图件、附件及附表

报告主要图件、附件及附表包括：

a） 勘查实际材料图；

b） 仪器设备一致性检查资料；

c） 综合解释推断剖面图；

d） 探测点实测特征曲线图；

e） 测线视横波速度剖面；

f） 物性资料收集和测定说明；

g） 质量检查点误差统计计算表；

h） 其他附件。

9.4 资料存档

成果报告通过评审后，对其进行修改，将正式的成果报告和资料提交有关部门存档。

附录 A
（资料性）
微动勘探测点班报表

项目名称			
工 区		日 期	
测 线		天 气	
测点编号		仪器型号	
台阵仪器编号及坐标	（1# , , ） □三分量采集 （2# , , ） □三分量采集 （3# , , ） □三分量采集 （4# , , ） □三分量采集 （5# , , ） □三分量采集 （6# , , ） □三分量采集 （7# , , ） □三分量采集 （8# , , ） □三分量采集 （9# , , ） □三分量采集 （10# , , ） □三分量采集 （11# , , ） □三分量采集 （12# , , ） □三分量采集		
台阵阵型	① 三重三角圆台阵（R_1 ＝ __ m）（R_2 ＝ __ m）（R_3 ＝ __ m） □ ② 四重三角圆台阵（R_1 ＝ __ m）（R_2 ＝ __ m）（R_3 ＝ __ m）（R_4 ＝ __ m） □ ③ 线形阵型（R_{max} ＝ __ m） □ ④ 其他阵型（R_{max} ＝ __ m） □		
中心测点坐标	*X* 坐标／纬度：________________ *Y* 坐标／经度：________________ *H* 高　　程：________________		
采集频段	______ Hz ～ ______ Hz		
开始观测时间	______ 时 ______ 分 ______ 秒		
结束观测时间	______ 时 ______ 分 ______ 秒		
备 注			

操作员：　　　　　记录员：　　　　　检查员：

附录 B
（规范性）
微动勘探质量检查点误差统计计算表

工区：　　　　　　　　　　测线：　　　　　　　　　　测点：

深度(m)/频率(Hz)	V_R			V_R			备注
	原始观测 V_R	检查观测 V_R	相对误差 M_i	原始观测 V_R	检查观测 V_R	相对误差 M_i	
均方相对误差或均方误差(M)							

计算者：　　　　　　　　　　　　　　　　检查者：

年　　月　　日

附录 C
(规范性)
微动勘探频散曲线质量评价表

工区：　　　　　　　　　　　　测线：　　　　　　　　　　　　测点：

点号/线号	V_{R1}			V_{R2}			单测点			备注
	Ⅰ	Ⅱ	Ⅲ	Ⅰ	Ⅱ	Ⅲ	Ⅰ	Ⅱ	Ⅲ	

评价者：　　　　　　　　　　　　检查者：　　　　　　　　　　年　　月　　日

参考文献

[1]杨成林，等.瑞雷波勘探[M].北京：地质出版社，1993.

[2]孙勇军，徐佩芬，凌甦群，等.微动勘查方法及其研究进展[J].地球物理学进展，2009，24(1)：326－334.

[3]程逢.被动源面波勘探方法及其在城市地区的应用[D].武汉：中国地质大学(武汉)，2018.

[4]李雪燕.城市微动高阶面波在浅层成像中的应用[D].合肥：中国科学技术大学，2019.

[5]周长江，夏江海.短时密集台阵三维横波速度成像在城市地下空间探测中的应用[C].中国地球科学联合学术年会，2019.

[6]盛勇，贾慧涛，刘杨.微动勘探方法技术研究及其应用[J].安徽地质，2019，29(1)：34－39.

[7]张明辉，武振波.短周期密集台阵被动源地震探测技术研究进展[J].地球物理学进展，2020，35(2)：495－511.

[8]李庆春，邵广周，刘金兰，等.面波勘探的过去、现在和将来[J].地球科学与环境学报，2006，28(3)：75－77.

[9]王振东.面波勘探技术要点与最新进展[J].物探与化探，2006，30(1)：1－10.

[10]毋光荣，余凯，马若龙.天然源面波勘探技术在工程中的应用研究[J].工程地球物理学报，2013，3(2)：6－12.

图书在版编目(CIP)数据

微动勘探技术规程

DB42/T 1795—2021

湖北省地质局地球物理勘探大队编著.

—武汉：中国地质大学出版社，2022.2

ISBN 978-7-5625-5444-8

Ⅰ.①微… Ⅱ.①湖… Ⅲ.①地球物理勘探-技术规范 Ⅳ.①P631-65

中国版本图书馆CIP数据核字（2022）第216010号

*

责任编辑：舒立霞 责任校对：何澍语

开本：880毫米×1 230毫米 1/16

印张：1.75 字数：56千字

2022年2月第1版 2022年2月第1次印刷

中国地质大学出版社出版发行

武汉市洪山区鲁磨路388号

网址：http://cugp.cug.edu.cn

发行中心：（027）67883511

传真：（027）67883580

印刷：武汉市籍缘印刷厂

经销：全国新华书店

如有印装质量问题请与印刷厂联系调换

版权专有 侵权必究